古詩詞裡的自然常識 水果篇

史軍————著

傅遲瓊————繪

梨子吃起來爲什麼少少ㄉ？

各界推薦

建立詩詞的生活連結，激起閱讀動力，原來，「讀詩」也可以是跨領域的統整學習。

小茱姊姊（施賢琴）｜教育廣播電台主持人

這本書從認識歷史和自然常識出發，帶孩子體會詩詞背後的故事，也呼應 108 課綱，讓文學與歷史、自然科學跨領域聯繫。

高詩佳｜暢銷作家、「高詩佳故事學堂」Podcast 主持人

從生活中可以發現許多科學現象，但如果是從古詩裡呢？就讓這套書帶著我們一起看看古詩跟科學可以擦出什麼火花吧！

楊棨棠老師（蟲蟲老師）｜寶仁小學自然科專任教師

我很喜歡古典詩詞，常對古人絕妙好辭嘆為觀止，但這些嘆為觀止在開始攀爬台灣高山之後改觀：原來真正美的非遷客騷人的詞藻，而是大塊文章鬼斧神工。

而本書讓人驚豔之處也在於將古典詩詞之美具象，將詩人加工過的風花雪月回復成「原形食物」，並以很反差卻毫不違和的科普型態呈現詩文提及的自然百態，兼具感性與理性。

楊傳峰｜《為孩子張開夢想的翅膀》作者

語文與自然的跨界對談，除了欣賞古詩詞優美的意境，還能認識詩人們眼中的花、鳥、蟲、魚，天人對應，萬物相宜。

盧俊良｜「阿魯米玩科學」粉專版主、岳明國中小老師

序 言

想讀懂詩詞，得先懂得生活

中文詩詞美嗎？當然！

既然古詩詞是文化瑰寶，大家也覺得詩詞是美好的語言，爲什麼寫過國文考卷的你，也只是把這些讚美掛在嘴邊呢？

因爲我們太久沒有讀詩詞了。

不過，這種距離感並不是因爲我們離開學校太久。仔細回想一下，就會發現詩詞離我們並不遙遠。一口氣背誦上百首唐詩、一口氣報出「李杜」的名號，這樣的場景何其熟悉。然而即便我們讀出這些詩詞和知識，它們也只是冷冰冰的文字組合，並沒有成爲生活的一部分；只是複雜的文字符號，讀完後很快就消散在空氣中。

難道閱讀詩詞只是爲了訓練記憶力嗎？當然不是！

詩詞裡有的是壯麗河川、花鳥情趣、珍饈美味、恩怨情仇……這一切不正是組成有趣故事的成分嗎？

想像一下，如果古人也有 Facebook、Instagram 等社交平台，那麼詩詞就是他們發文的內容。詩詞背後有著生動的故事、難忘的回憶，還有燦爛的文化傳承。當然，要想真正明白這些文字，確實需要一些背景知識，因爲詩詞可是古人創作智慧的結晶，透過極致、簡練的語言表達更多內容、更悠遠的意境。

你可能會說：「講這麼多，還是不能解決問題！」別著急，這正是本書的價值和意義所在。

讀完這套書，孩子會明白：《詩經》中「投我以木瓜，報之以瓊琚」的本義，其實是「滴水之恩，湧泉相報」；孩子會明白「春蠶到死絲方盡」其實是生命輪迴的必經階段，蠶與桑葉早在幾千年前就註定有著割捨不斷的聯繫；孩子會明白古人如此重視「葫蘆」這種植物，絕不僅僅因為名字的諧音是「福祿」……

這正是本書希望告訴孩子的故事，也是想讓孩子了解的歷史和自然常識！

有了趣味生動的故事、色彩鮮明的插畫、幽默活潑的文字，才能有效傳遞這些知識。看書不僅僅是讀詞句，更重要的是體會背後的故事、作者的生活，真正理解這些過去大獲好評的內容。

從今天開始，不要讓詩詞成為躺在課本上的文字符號，一起找回古詩詞原有的魅力和活力，並成為知識、話語、生活的一部分吧！

史軍（中國科學院植物學博士）

目 錄

柚子

荔枝

金冠蘋果

青蘋果

山楂

紅富士

梨 ㄌㄧˊ 子 ˙ㄗ

梨子吃起來為什麼沙沙的？

白雪歌送武判官歸京（節選）

唐・岑參

北風捲地白草折，

胡天八月即飛雪。

忽如一夜春風來，

千樹萬樹梨花開。

這首詩是有名的送別詩，描寫西域八月飛雪的壯麗景色，抒寫塞外送別、雪中送客之情，充滿了奇思妙想。節選部分描繪北風席捲大地，吹折了白草，八月塞北的天空就開始飄降大雪，樹上積雪猶如梨花爭相開放，彷彿一夜之間春風吹來。後兩句家喻戶曉的詩詞寫的不是梨花，而是雪景，卻也能感受到梨花綻放時的氣勢。

在《莊子》和《史記》中都有關於梨子的記載。《齊民要術》中特別介紹了插梨法，也就是梨樹的嫁接方法，這是果樹栽培技術發展史上的里程碑。西方栽種梨樹的歷史同樣悠久。西元前兩世紀，羅馬人就開始栽培西洋梨。

梨子是個大家族，不同的梨，吃法也不一樣。有些梨子剛摘下來就可以吃，清甜多汁，但是有些梨就必須放軟了再吃，不然只能嘗到酸澀的味道了。

水果小百科

常見的梨

蜜雪梨

新世紀梨

沙梨

西洋梨

秋子梨

哪種梨可以放得比較久？

梨子是秋冬兩季的常備水果，因此是否方便儲藏就更為關鍵。一般來說，「白梨」家族是最耐放的；「秋子梨」家族適合做凍梨，也可以放很久；「沙梨」家族的皮通常比較薄，所以很難長時間存放。如果買到品質優良的豐水梨，還是盡快享用吧。至於「巴梨」更是怕碰、怕捏，這種水果最好立即享用，否則會影響吃起來的口感。

味道奇特的蜜雪梨

在蘋果樹上嫁接梨的枝條是項不可能的任務。實際上，長的像蘋果的蜜雪梨就是一種梨。最大的特色在於水分充足、甜度高，但也因此不耐久儲存，容易凍傷。

粗糙的口感

吃梨子時會覺得沙沙的，是因為果肉裡的小顆粒是種特別的細胞——石細胞。梨子的果實在生長發育過程中，石細胞的細胞壁逐漸加厚，壓縮內部空間，直到成為一個近乎小石塊的結構。因此，叫它「石細胞」一點兒也不為過。果實生長初期，石細胞逐漸變多，直到果實成熟，石細胞的數量才會減少。所以不要偷吃還沒成熟的梨子，否則除了酸澀的味道，還有更多的「小石頭」顆粒感。

不同種類的梨子所含的石細胞也不一樣。白梨的石細胞個頭最小，含量最少。鴨梨也是一種白梨，吃起來口感細膩；沙梨和西洋梨的口感也不錯；至於秋子梨還是製成凍梨後吃起來最美味。

梨花

梨花的特徵是：春天時花和葉子會同時長出來，而且梨花雄蕊上的花藥是紅色的，很容易辨別。

來口黑色的凍梨吧！

在中國東北，有種讓摘下來的梨子繼續熟成的方法，那就是——凍梨。

凍梨的製作方法很簡單，直接把採收後的秋子梨放在攝氏零下三十度的冰天雪地中，直到青黃的梨變成了黑色的凍梨。

要吃的時候，把凍梨放入涼水中浸泡，吸收涼水的熱量後，凍梨內部的果肉開始解凍，就可以敲開梨上的冰殼，咬開果皮。當甜美、清涼的汁液在口中奔湧而出時，凍梨才是熟了！

蘋（ㄆㄧㄥˊ）果（ㄍㄨㄛˇ）

蘋果有哪些身世之謎？蘋果為什麼有層像上蠟一樣的皮？

柰（ㄋㄞˋ）樹

明・楊起元

樹下陰如屋，香枝匝地垂。

吾儕攜酒處，爾柰放花時。

有實兒童摘，無材匠石知。

成蹊若桃李，難以並幽姿。

這首《柰樹》寫的就是蘋果樹。在詩人筆下，柰樹的樹蔭大得像屋子，枝條繁茂，垂到地上。詩人和朋友一起喝酒的地方，正好是柰樹開花的地方。柰樹結了果實會有孩子來摘，樹木本身卻不是木匠們認可的好木材。即使桃樹和李樹下可以開闢小路，也沒有柰樹的姿態那麼優雅。

蘋果是種既古老又年輕的水果。中國古代典籍和文學作品中，關於蘋果的描述不多，這是因為中國古人沒有吃過今天市場上的蘋果。

蘋果的祖先有兩個孩子，一個叫「綿蘋果」，一個叫「西洋蘋果」。古代中國人吃的是軟綿酸口的綿蘋果，而脆脆甜甜的西洋蘋果是在一百年前才傳入中國的。不過這種蘋果很快就蔚為流行，讓人以為這就是土生土長的蘋果。

蘋果的身世

世界上所有的栽培蘋果都來自於同一個物種——塞威氏蘋果（Malus sieversii），又名新疆野蘋果。 大約兩千年前，世界各地的果園都各自栽種不同的蘋果。

在西漢時期，從新疆來的塞威士蘋果在中國還有一個特殊的名字——奈，也被稱為綿蘋果。與此同時，另一支塞威士蘋果隊伍進入歐洲。考古證據顯示，西元前一千年的以色列就開始栽種蘋果了。隨後的數千年間，藉助人類的雙腳，從中亞高原走向世界各地，發展出自己獨特的顏色和風味，成為現在主流的栽培蘋果。

蘋果為什麼有層像蠟一樣的皮？

蘋果的表皮細胞可以防止水分流失，也能防禦動物、微生物的侵襲。它們會緊緊相靠來作為防禦，更備有一些「化學武器」——一層厚厚的果蠟，來保護、對抗那些貪吃的動物。說果皮的營養含量高並不誇張，因為這部分的細胞排列得更緊密，水分也更少。

金冠蘋果

紅富士

花牛

青蘋果

五爪蘋果

「冰糖心」是什麼心?

把蘋果切開之後（特別是橫切），看到花瓣一樣的半透明斑塊，這是「冰糖心」。冰糖心蘋果確實很甜，但這不是什麼新品種，而是生病了──蘋果水心病。蘋果罹患這種病，果肉裡的酸度會減少，所以吃起來更甜。有冰糖心的蘋果不耐存放，記得要趕緊把它們吃掉。

蘋果會從果芯或維管束四周的果肉開始糖化，形成冰糖心。切開蘋果，就能看到有透明感的果肉。

小心蘋果籽！

吃蘋果的種子是很危險的,因為其中含有大量的氰_{ㄧㄢˋ}化物。如果吃太多,很可能會引發呼吸暫停,甚至導致死亡。所以,別相信「蘋果的種子是精華」這類謠言了。

種子

雄蕊　　雌蕊

花瓣

果點

蘋果為什麼有酒味?

蘋果會呼吸。正常情況下,蘋果吸入氧氣會產生二氧化碳;缺少氧氣時則會進行無氧呼吸。這時,蘋果會產生酒精和一些苦味物質。如果發現蘋果有酒味,就盡快把蘋果放在10℃到18℃的通風環境下。只要一下子,就能恢復蘋果原本的味道了。

棗（ㄗㄠˇ）子（ㄗ˙）

為什麼春天要打棗樹？棗子可以吃飽嗎？
你聽說過的棗子都是同一種嗎？

百憂集行（節選）

唐·杜甫

憶年十五心尚孩，健如黃犢走復來。

庭前八月梨棗熟，一日上樹能千回。

即今倏忽已五十，坐臥只多少行立。

強將笑語供主人，悲見生涯百憂集。

這首詩是杜甫在成都草堂時所做,那時他的生活十分窮困。詩人回憶年少時的無憂無慮,體魄健全,精力充沛。到了八月,庭前的梨子和棗子成熟了,少年杜甫頻頻上樹摘取。想到現在年老力衰,行動不便,因此坐臥多而行立少。體弱至此卻不能靜養,只因生活沒有著落,每天出入於官僚之門,靠察言觀色來養活一家老小。從詩中不難感受到詩人從「十五」至「五十」的滄桑。

棗子是古代為數不多卻備受重視的水果之一。因為紅棗的醣類非常多，可以填飽肚子，且乾燥後的紅棗很容易儲藏，所以過去生活在北方山區的人們都會大量栽種棗樹來補充糧食。鮮紅棗的維生素 C 含量非常高，是檸檬的 6 倍、蘋果的 40 倍。

為什麼要打棗樹？

有句關於棗的俗語是這樣說的：「有棗沒棗打三竿」。棗樹開花時需要打棗樹，採摘棗子時也要打棗樹。

在《齊民要術》中有記載：「以杖擊其枝間，振去狂花。不打，花繁，不實不成。」意思是在棗樹開花的時候，要用木棍擊打棗樹的枝條。如果不打，棗花太多、太密集，就不能好好地結棗子了。

一棵樹冠直徑六公尺的棗樹能開出 60 萬至 80 萬朵花。如果每朵花都變成小果子爭奪營養，最終就是沒有一顆棗子可以獲得足夠的營養長到成熟。

古人很早就知道，棗樹開花時去掉一部分的花，能大大提升棗樹的產量。

不細心是看不到棗花的

各種不是棗的「棗」

青棗

雖然也是鼠李科的成員，但青棗完全是另外一個物種，跟我們平常熟悉的紅棗沒有任何直接的關係。它的學名叫毛葉棗。主要產期是每年的一至三月，口感脆甜引了眾多食客嘗鮮。

黑棗

黑棗和紅棗沒什麼關係，新鮮的黑棗看起來更像小柿子，它是柿科柿屬植物的果實。黑棗還有一個好聽的名字——君遷子。在晾乾的過程中，黑棗會越來越像常見的紅棗。

南酸棗

南酸棗是漆樹科南酸棗屬的植物。說起來，和芒果、腰果是「一家人」。南酸棗的果肉如同果凍，特殊的酸味中混合著淡淡的甜，還有幾分類似芒果的香氣。更有意思的是，它的種子上有五個明顯的孔洞，所以也被稱為「五眼果」。

椰棗

椰棗是「海棗」（中文學名）的乾燥果實，為棕櫚科植物。因為果實像棗，樹本身卻像椰子樹，所以有了「椰棗」的名字。椰棗非常甜，乾燥果實的糖含量能達到 80％。椰棗樹在中東地區的地位非常重要。《漢摩拉比法典》（ Code of Hammurabi ）中就規定，砍倒一棵海棗樹要繳納半個銀幣的罰金。沙烏地阿拉伯國徽上的那棵大樹也是椰棗樹。當地俚語中，甚至把帥哥比喻成椰棗樹。

妙趣小廚房

棗子可以當飯吃嗎？

有甜味的紅棗完全可以填飽肚子，含有大量的糖分。《戰國策》中，蘇秦在說服燕文侯時曾說：「北有棗栗之利，民雖不由田作，棗栗之實，足食於民矣。」這句話被多方引用，顯示棗子是重要的糧食。不過仔細分析，才發現這完全是蘇秦誇大其詞。要知道，即使在農業技術大發展的今天，每畝的紅棗產量最高也不過一千公斤。別忘了！鮮紅棗裡有 70％以上都是水分，醣類只占 20％。也就是說，每畝紅棗提供的醣類大約為兩百公斤。實際上，每畝的紅棗產量通常只有兩百公斤左右，顯然無法成為糧食。

桃（ㄊㄠˊ）子（ㄗˇ）

桃子為什麼長了一身毛？
「桃養人，杏傷人，李子樹下埋死人。」是真的嗎？

桃李不言，

下自成蹊（ㄒㄧ）。

這句話摘自《史記·李將軍列傳》，被《史記》作者司馬遷用來評價將軍李廣。這首詩的意思是，桃樹和李樹不主動招引人，但人們都來看它們開出的花、摘採它們結出的果實，於是走出了一條樹蔭小路。現在比喻為人品德高尚、誠實正直，用不著自我宣傳就受到人們的尊重和敬仰。

在距今八千至九千年的湖南省臨澧縣胡家屋場，和距今七千年的浙江省河姆渡等新石器時代的遺址中，都曾出土過桃核。可見，中國人的祖先從那時起，就在跟桃樹打交道了。

只看桃子，不吃桃子

雖然在五千多年前的良渚文化時期，中國人就嘗試馴化桃子，之後卻有很長一段時間，只是觀賞好看的桃花，可能是因為原始的桃子味道並不好。

在《詩經》中提到「桃之夭夭，灼灼其華」，描繪的就是桃花生機勃勃的樣子。在桃子的不同變種中，毛桃被認為是最原始的變種，之後演化出硬肉桃，再出現蜜桃和水蜜桃。至於桃子的老祖宗毛桃，可以參照如今庭院中的觀賞植物「碧桃」，所結出的果實——只有薄薄果肉的桃子，看來真的很難入口。

桃核中含有氰化物，雖沒有苦杏仁的含量高，但也不要誤食了。

詩詞裡的桃

是描寫桃子和桃花的詩句數不勝數。桃子有很多含義。「桃」字的本義就是兆春之木，桃花則是春日盛開的花朵。桃子是長壽的象徵，替爺爺奶奶過生日都需要準備壽桃。

桃養人，杏傷人，李子樹下埋死人

這句俗語並非空穴來風。在這三種果實中，桃子確實是最「安分守己」的。杏的果實中氰化物含量較高，特別是苦杏仁；李子讓人害怕的地方在於吃了可能誘發過敏，其中的蛋白質更可能引發種種症狀，比如嘴唇刺痛、喉頭水腫、嘔吐等。

桃樹越老，結的果子越好吃？

大家以爲桃樹長得越久，結出的桃子就越好吃。其實桃樹的壽命通常只有二十至三十年。十年以上的桃樹，產量會逐步下降，因此果園裡的桃樹需要不時更換。所以，桃樹並非一種可以長時間、持續結果的果樹，也沒有表現出長壽的特徵。

桃子為什麼長了一身毛？

桃子最麻煩的就是表皮那層毛了。它有兩個主要作用：一是阻擋強烈的陽光照射，避免幼嫩的果實被灼傷；二是避免雨水的積存，保持果實乾爽。不過，有些人由於免疫系統對某些物質非常敏感，一接觸桃毛就會皮膚搔癢、起疹子，嚴重的甚至會因爲強烈的呼吸道過敏而休克。

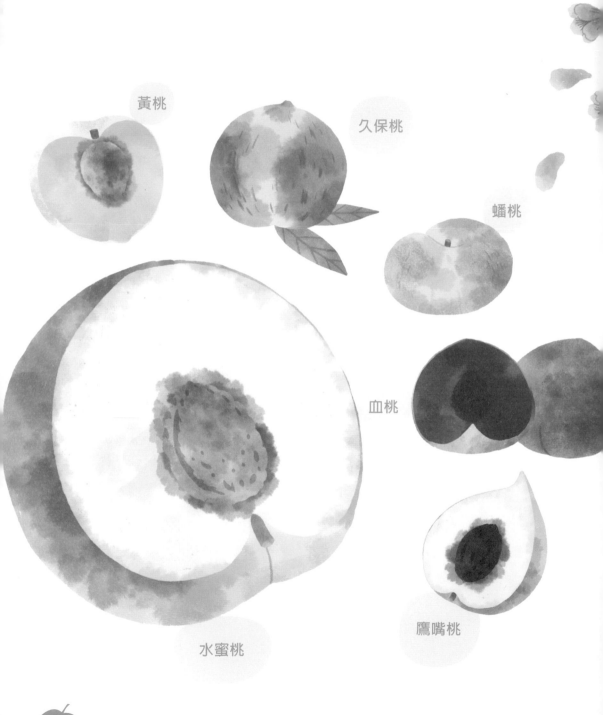

黃桃

久保桃

蟠桃

血桃

水蜜桃

鷹嘴桃

古老的桃子酵素

在《齊民要術》中，賈思勰ㄒㄧㄝˊ記載了一種靠發酵來處理桃子的方法：把賣相不好的桃子放到罐子裡，等到桃子發酵變酸，再濾掉桃皮、桃核這些碎渣，「味道香甜美」的發酵飲料就完成了。沒想到日本的桃子酵素，居然在千年以前就流行過，只是沒有流傳下來而已。

葡萄 ㄆㄨˊ ㄊㄠˊ

葡萄從哪來？葡萄皮上的白霜是什麼？
市場上那麼多葡萄，你都認識嗎？

涼州詞其一

唐・王翰

葡萄美酒夜光杯，

欲飲琵琶馬上催。

醉臥沙場君莫笑，

古來征戰幾人回。

精美的酒杯已經斟滿甘醇的葡萄酒，這是西域的特產。將士正欲舉杯，卻聽到琵琶聲響起，那是催行的號角。難得痛飲呀！大家又要出征了，又將是一場生死決鬥。千萬要努力啊！自古以來，戍邊的戰士又有幾人能平安歸來呢？

王翰是著名的邊塞詩人，這首詩在曠達中飽含著悲壯，感動過無數邊塞男兒。

27

人類食用葡萄的歷史非常悠久，最早的栽培紀錄可以追溯到西元前 6500 年至 6000 年。在西元前 4000 年，葡萄種植技術從南高加索區域傳播到小亞細亞，同時透過新月沃土進入尼羅河三角洲，然後向西沿地中海傳到西歐，再向東傳到東亞。與絕大多數水果相比，葡萄的傳播真是順暢無比。

最早的葡萄，一般認為是西漢張騫出使西域時傳入的。隨後，有很長的一段時間，葡萄酒都是一種非常珍貴的飲料。唐太宗攻破高昌之後，得到大量的優良葡萄品種，也獲得更為精良的葡萄釀造技術，這才有了「葡萄美酒夜光杯」的名句。然而，當時的葡萄酒也不是尋常人可以消費的。大詩人李白在詩中將葡萄酒和酒器金叵羅並列在一起，兩者都是少女出嫁時的重要嫁妝，足見葡萄酒的貴重。

逃過一劫的歐亞葡萄

十九世紀中期，名叫根瘤蚜的昆蟲隨著美洲葡萄進入歐洲。這種小蟲子幾乎攻陷了所有葡萄種植園，在短短 25 年內，險些摧毀法國、義大利、德國的葡萄釀酒業。幸好，種植者成功地把歐洲葡萄嫁接到美國土生的抗蚜品種上，才讓歐亞葡萄這個品種得以逃過一劫。

古羅馬人在釀酒前
會先踩碎葡萄。

釀酒葡萄和鮮食葡萄

釀酒葡萄的果皮更厚,果粒更小,含糖量更高;鮮食葡萄的果皮更薄,果粒更大,含糖量不如釀酒葡萄。

葡萄皮上的白霜是什麼?

這種白霜既不是農藥,也不是葡萄糖,而是葡萄表皮上的蠟質。它的主要成分是一種叫齊墩果酸的物質,很難溶解於水,所以不容易洗掉葡萄上的白霜。即使洗不掉也沒有關係,因爲並不會危害健康,不妨放心享用掛著白霜的新鮮葡萄。

釀葡萄酒

葡萄並不是中國原產的水果。在歐洲,葡萄最重要的用處是釀酒。葡萄皮上有天然酵母,只要把葡萄搗碎,放在橡木桶裡發酵就能變成酒。

葡萄花

想要看到葡萄花的花瓣，恐怕要用放大鏡。

水果小百科

不同種類的食用葡萄

麝香
雖然顏色青綠，但甜度極高，讓人覺得像在吃蜜糖。

美人指
這種葡萄的果粒比較長，就像纖細優美的手指。

巨峰
個頭大，汁水多，顏色鮮艷，是鮮食葡萄的主要品種。

玫瑰香
有種特殊的玫瑰香氣，雖然果粒不大，但是受到很多人的喜愛。

青提子
新疆無核白葡萄的特
色是不需剝皮，吃葡
萄不吐葡萄皮。

紅地球
紅提顏色比綠葡萄
要鮮艷很多，口味
和顏值兼具。

葡萄的結構

果柄

果芯

果肉

種子

果皮

釀酒葡萄的代表——赤霞珠

鮮食葡萄的代表——巨峰

甜（ㄊㄧㄢˊ）瓜（ㄍㄨㄚ）

為什麼甜瓜吃起來這麼甜？它和西瓜是「親戚」嗎？

四時田園雜興六十首其三十一

宋・范成大

晝出耘田夜績麻，

村莊兒女各當家。

童孫未解供耕織，

也傍桑陰學種瓜。

詩人晚年葉落歸根，寄情於田園生活。這首詩寫得也是極富生活情趣。白天人們出門耕作，晚上回到家中紡麻線，村子裡的男男女女各有各的工作。村裡的孩子們雖然還不會，卻早已在遊戲中模仿大人學種瓜了。

《詩^經》中就記載「七月食瓜，八月斷壺。」這裡的瓜不是冬瓜、西瓜，而是甜瓜。甜瓜起源於非洲的撒哈拉東部地區，先被帶入印度後，又傳入中國。中國人培育出薄皮甜瓜，並且至少在四千年前就開始吃它了。

雄花

雌花

子房

甜瓜很甜！

甜瓜吃起來有一種混合蜂蜜和青草的滋味，卻又再更清爽一點。這要歸功於乙酸乙酯和乙酸乙酯這兩種物質。乙酸乙酯是很多果實和花朵中重要的香氣來源。至於乙酸乙酯，那就是甜瓜味的靈魂了，它的存在讓甜蜜蜜的甜瓜有了一種清新的滋味。

為什吃了甜瓜麼會覺得喉嚨卡卡的？

這是因為甜瓜中深藏不露的蛋白質。吃甜瓜帶來的口腔刺痛感，是最輕微的蛋白質過敏反應，嚴重的還會引起嘔吐、起疹子、吞咽困難等症狀。對於歐美人來說，甜瓜過敏不是什麼稀奇的事情。一般而言，對花粉過敏的人很可能也會對甜瓜過敏。所以，吃甜瓜時一定要特別留意。

其實不論皮薄、皮厚，世界上所有的甜瓜都是葫蘆科甜瓜屬的植物。要論關係的話，甜瓜跟西瓜屬、南瓜屬這些同為葫蘆科的蔬果都是「親戚」。

伊利莎白瓜

羊角蜜

網紋洋香瓜

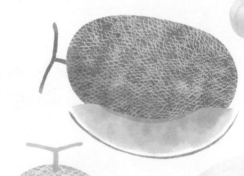

越瓜

哈密瓜

火銀瓜

瓜與肉的奇異組合

將優質的帕馬火腿切成薄片，捲在切成條狀的甜瓜上，一口咬下，火腿的鹹鮮味伴隨甜瓜豐盈的汁水，在唇舌間擴展開來，任誰也不會放棄這樣的味覺盛宴。其實，甜瓜和火腿相得益彰的道理很簡單。兩種食材中的呈味核苷酸和呈味胺基酸相互配合，產生更為鮮美的感覺。海帶黃瓜湯之所以鮮美，也是一樣的道理。

甜瓜和西瓜的不同

吃甜瓜時，通常會挖掉裡頭掛著種子的白瓤，這些白瓤就是胎座。西瓜的胎座膨大後，占據了整顆果實內部的空間。通常在完成孕育種子的使命後，胎座也就光榮「退役」了。

吃入肚的種子去哪兒了？

甜瓜好吃，就在於它軟軟甜甜的瓜瓤部分。只是這些白色的瓜瓤上掛著太多種子，很多人都怕吃下肚後會卡在腸道中。想太多啦！在漫長的演化歷程中，甜瓜的種子早就適應可以透過動物來傳播。種子怎麼被吃下去，就會以同樣的樣貌被排出來。厚厚的外殼、光滑的表皮可以幫助它們順利通過動物的腸道被排出來。

荔_{ㄌ、}枝_ㄓ

古代沒有冷凍設備，皇帝和妃子怎麼吃到新鮮的荔枝？
荔枝吃多了會心悸嗎？

過華清宮絕句三首其一

唐・杜牧

長安回望繡成堆，

山頂千門次第開。

一騎紅塵妃子笑，

無人知是荔枝來。

杜牧將憂國憂民的情懷化爲筆下的風景：詩人已過華清宮，從長安回望驪山，這處供皇上玩樂的殿宇富麗堂皇，令人感慨。亭台殿宇，一道道宮門依次打開，爲了迎接遠來的使者，他帶來了荔枝鮮果。疲憊的駿馬、趕路的使者，與宮中笑逐顏開的貴妃，對比鮮明，引人深思。

荔枝的葉子是羽狀複葉。

相傳荔枝是唐朝著名美人楊貴妃最愛的水果。唐玄宗爲了博楊貴妃一笑，每每到了採收荔枝的季節，都派人專門不遠千里將荔枝從四川（也有說是嶺南、廣西等地）送到長安。

但是荔枝保鮮不易，據說工匠們會把荔枝樹栽種在大木桶裡，等到果實快要成熟的時候，再連樹帶桶裝車運往長安。長到大車也不便載運時，荔枝差不多也成熟了。這時把採收下來的荔枝封在新鮮竹筒中，便可快速送到長安。

杜牧詩句中提到「一騎紅塵妃子笑，無人知是荔枝來」，寫的就是這個故事。

荔枝鮮甜可口，冰鎮之後，會變得更甜。因爲在低溫環境下，荔枝中的果糖甜度會升高。古代沒有冷凍設備，最講究的吃法就是吃「掛露荔枝」，因爲一天之中，日出前的氣溫最低，這時的荔枝也最甜。

「紅顏易逝」的祕密

別看荔枝的果皮就像一身鎧甲，其實那是不折不扣的「中看不中用」。果皮不但很薄，內部組織間還有很多空隙，寶貴的水分很容易從這些空隙逃走，留下乾巴巴的荔枝果實。和桃子的果肉不同，荔枝的果肉是一種被稱爲「假種皮」的結構（榴槤和山竹也是如此），果皮和果肉間缺乏有效的水分疏導組織，因此果皮只能「見死不救」，看著果肉乾癟。

市面上的各種荔枝

黑葉荔枝

最普遍的品種，又稱烏葉種，占所有荔枝產量的九成以上。果實呈漂亮的心形。成熟時果皮轉紅、果棘變平滑，風味絕佳。

糯米糍荔枝

果實呈美麗的球形，果色鮮紅。果棘粗，但成熟時會變得比較平滑。果核極小，大多是香甜的果肉，肉質細膩且甜度高。這種荔枝稱得上是極品中的極品，但產量少且價格昂貴。

桂味荔枝

這種荔枝是每年最晚上市的品種。果實呈圓形，果色鮮艷美麗。果棘粗淺，但成熟後會變得平滑。最好等到果皮變得通紅後再品嘗，否則吃起來可是很酸的！

玉荷包荔枝

玉荷包荔枝是著名的早熟小核品種，果形上闊下尖，就像以前的荷包，十分可愛。果色鮮紅，外表有較深的果棘，果核小，果肉甜脆爽口。果皮稍微變紅就可以食用了。

妃子笑荔枝

皮色帶綠、味中帶酸的妃子笑因為上市時間最早、產量最大、甜度又高，所以很受歡迎。

妃子笑的果核很小，酸甜可口，是市場上常見的品種之一。

雄花

雌花

妙趣小廚房

荔枝吃多了會心悸嗎？

沒錯。因為造成荔枝甜味的果糖，並不能像葡萄糖一樣能被身體直接吸收和利用。另外，荔枝中還含有一種有毒胺基酸，吃多了會導致血液內的葡萄糖（血糖）大幅減少，從而引起低血糖，出現心悸現象。所以荔枝雖甜，可不能貪多。

龍眼 ㄌㄨㄥˊ ㄧㄢˇ

龍眼和荔枝有什麼不一樣？市面上都有哪些龍眼品種？

廉州龍眼，質味殊絕，可敵荔支（節選）

宋・蘇軾

龍眼與荔支，

異出同父祖。

端如甘與橘，

未易相可否。

大詩人蘇軾對美食很有研究，寫了不少與蔬果相關的詩作。「龍眼與荔枝，異出同父祖」，這說得一點都沒錯，龍眼和荔枝是一家。龍眼雖然堪稱「千年二哥」，一直都排在荔枝後面，但龍眼有一點比「大哥」荔枝厲害，那就是果實在曬乾之後會有一種特殊的風味，而且有了個新名字——桂圓。

荔枝的陪襯 —— 龍眼

在古代的典籍記載中，龍眼總是荔枝旁的陪襯綠葉。原因之一就在於傳統的龍眼果肉太薄了，吃起來不夠痛快。限制龍眼發展的另一個原因，就是育苗的方式。農學著作《齊民要術》中，針對果樹嫁接的部分有詳細的描述。在北方土地上，桃、李、梅、杏和梨在園丁的嫁接技術下茁壯成長，繁育出相當優秀的水果，然而這些方法並沒有被用在龍眼上。

荔枝肉厚，龍眼肉少

荔枝和龍眼的果肉雖然都是植物學上的「假種皮」構造，但兩者成長的過程有所不同。小龍眼剛長出來的時候，就有一層薄薄的假種皮包裹著種子。隨著種子成熟，假種皮也跟著成長。荔枝則是等到內部種子成熟後，假種皮才開始膨脹、長大。這個成長上的差異導致荔枝肉肥厚，而龍眼肉薄少。

「嬌氣」的荔枝，「尷尬」的龍眼

當大家都在努力呵護、運送荔枝，比較好處理的龍眼反而是個尷尬的存在。荔枝和龍眼是很親近的「表親」，從它們相似的果實就可以看出這種親屬關係。它們擁有同樣的外殼，同樣晶瑩剔透的果肉，同樣光滑的種子。不過，龍眼一直都生活在荔枝的陰影之下。

不同類型的龍眼

依多龍眼

泰國龍眼的主流品種，果肉大而厚，呈半透明的白色，嚼起來又脆又甜，還有香味。

儲良龍眼

廣東茂名出產的儲良龍眼果粒均勻，果形扁圓，果皮呈黃褐色。它的果肉是不透明的乳白色，吃起來爽脆甜蜜。

鈕仔眼龍眼

這是台灣種植的一種龍眼品種。果核大，果實大小不一，甜度差別也不一樣。

赤殼龍眼

果殼是深褐色，因此被稱為「赤殼」。果肉厚而果核小，甘甜美味。

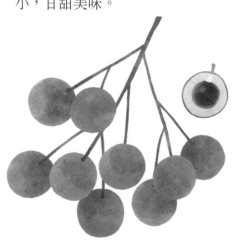

桂圓紅棗雞蛋糖水

1. 紅棗去核，龍眼去殼去核，洗淨備用。

2. 將洗淨的龍眼、紅棗放入鍋中，加入適量清水，大火煮開後再轉小火熬煮 5 至 10 分鐘。

3. 加入紅糖，拌勻至溶化。

4. 水溫下降、沸水不騰時，打入一枚生雞蛋，保持小火。

5. 雞蛋煮熟後關火。

橘ㄐㄩˊ 和ㄏㄜˊ 枳ㄓˇ

生在淮南的橘子就是橘，生在淮北的橘子就是枳嗎？
每次剝完橘子手都黃黃的？

晏子春秋‧雜下之六（節選）

漢‧劉向

嬰聞之：橘生淮南則為橘，

生於淮北則為枳，

葉徒相似，其實味不同。

所以然者何？水土異也。

這段話和晏子使楚的故事有關。身爲齊國使臣的晏子在被楚王取笑、羞辱齊人偷盜時，他面不改色地給出了有力的還擊：「淮南的柑橘又大又甜，可是一將橘樹種到淮北，就只能結又小又苦的枳，難道不是因爲水土不同嗎？齊國人在齊國安居樂業、辛勤工作，一到楚國就當起賊，也許是兩國的水土不同吧。」

從晏子的這段話：「葉徒相似，其實味不同。所以然者何？水土異也。」人們得出一個結論──環境會影響人和生物的表現。實際上，不管把枳種在什麼地方，嚐起來都是酸溜溜的。就像老虎不會變成貓，枳也不會變成橘子，因為它們本來就不是一家。

妙趣小廚房

製作小橘燈

1. 拿刀對著橘子上半部
   分劃一圈，取走上半
   部分的果皮。

2. 將橘子一瓣一瓣取
   出，直到掏空橘子。

3. 在橘子裡放入一小塊蠟燭，點
   燃燭芯，小橘燈就完成了。

橘子有幾瓣？

不剝開橘子能知道它有幾瓣嗎？試著數看看橘柄上的小點再掰開橘子，看看數量有沒有一樣。

橘和枳同科不同屬的關係

光是在果樹的外形上，橘和枳就有明顯的區別。枳樹比橘樹更矮小一些；到了冬天枳樹的葉子就掉光光，而橘樹仍然身披綠葉；枳樹一般都有三片小葉，這跟橘樹的單身複葉（帶著小尾巴的葉子）非常不同。而且，橘樹喜歡溫熱的環境，枳樹偏好冷涼的氣候，所以野生枳樹確實只生活在淮河以北。如果把橘樹比作成人，枳樹就是黑猩猩。橘樹會不會變成枳樹？還真的有可能發生。有些橘樹是嫁接在枳樹的根上，移植到寒冷的地方後，橘樹枝條被凍死，枳樹的枝條萌發，橘樹就此「變身」了。

橘樹

枳樹

枳樹和橘樹
非常不一樣。

橘子的結構

橘子的果皮分爲三層：外果皮、中果皮和內果皮。外果皮上有很多芳香精油。如果對著氣球捏橘子皮，氣球會爆炸，是因爲橘子外皮上的精油會溶解氣球上的橡膠。橘子皮內側像海綿的部分是中果皮，內果皮就是包裹著多汁果肉的那一層。

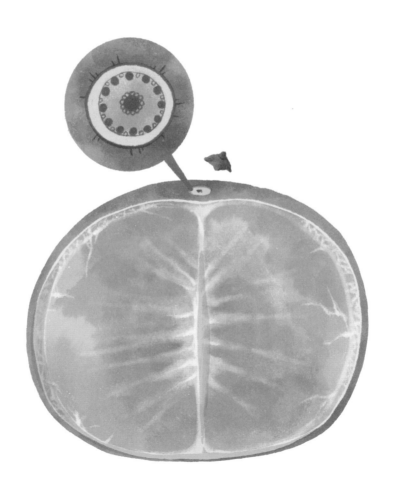

每次剝完橘子手都黃黃的？

這是黑心商家把橘子給染色了嗎？其實不是。橘子中含有豐富的胡蘿蔔素，這些色素是典型的脂溶性色素，很容易與皮膚結合，所以剝橘子時手上容易沾色。提到胡蘿蔔素，首先想到的肯定是胡蘿蔔，但絕大多數植物中都有這種胡蘿蔔素。柑橘中含有極高的胡蘿蔔素，所以它才會是橘色的。

為什麼需要胡蘿蔔素？

胡蘿蔔為什麼是橘色的？那要歸功於其中的 β- 胡蘿蔔素。我們一般會認為葉片盡可能吸收陽光是件好事，事實卻不是如此。過量的光會催生氧自由基，這種高能量的「破壞分子」就像炸彈一樣，會把生物體搞得一塌糊塗。而胡蘿蔔素就是對抗氧自由基，幫助植物保護細胞的「滅火劑」。

胡蘿蔔素在體內可以轉化成維生素 A，這種營養元素對眼睛非常重要。缺乏維生素 A 會導致夜盲症。但要注意，胡蘿蔔素不是吃越多越好。橘子吃得太多，全身都會變黃，反而會造成胡蘿蔔素血症。

柚ㄧㄡˋ 子˙

西柚的祖先是什麼？哪裡最早開始栽種柚子？

呂氏春秋・本味（節選）

戰國・呂不韋

果之美者：沙棠之實；

常山之北，投淵之上，

有百果焉，群帝所食；

箕山之東，青鳥之所，

有甘櫨焉；江浦之橘；

雲夢之柚；漢上石耳。

節選的文字大意是說：水果中的美味，是沙棠樹的果實；是在常山北邊、投淵上頭，先帝們享用的各種果實；是在箕山東邊、傳說中青鳥居住之處的甜橙；是在長江邊的橘子；是在雲夢澤邊的柚子；是在漢水旁的石耳。

柚子是中國土生土長的水果，栽種的歷史可以追溯到西元前兩千年。在西方，有關西柚的記載最早則出現在格里菲斯‧休斯（Griffith Hughes）撰寫的《巴貝多自然史》（*The Natural History of Barbados*）一書中。在這本西元 1750 年創作的百科中，休斯描述了這種柑橘類水果的果實如葡萄一樣，成串掛在樹上。依據這樣獨特的果實形態，西柚也被稱為「葡萄柚」。有趣的是，西柚的祖先——柚子並非原產於美洲，真正的產地是在中國。

柚子是柑橘家族裡的大家長，也是中國人食用最久的水果之一。柑橘家族的水果或多或少都與柚子沾親帶故。柚子和寬皮橘雜交產生了甜橙，柚子和甜橙雜交產生了西柚，甜橙和橘子雜交又產生了橘橙。

市場上常見的柚子

文旦

外觀呈圓錐或洋梨形，淡黃綠色的果皮。果肉呈淡白色或淡黃白色，也有呈淡粉紅色者，無種子或較少，柔軟多汁帶點彈性，偶有淡淡苦味。

西柚

甜橙和柚子雜交產生了西柚，外皮橙黃色。西柚的味道集合了甜橙和柚子的特點，集酸、甜、苦、香於一身，是特殊的存在。

沙田柚

果子大，淡黃色的果肉脆嫩可口，成熟之後幾乎沒有酸味。

白柚

外觀呈扁球形或短球形，淡黃色的果皮，貯藏一段時間後果皮呈深黃色且略為平滑，柔軟多汁，酸度較麻豆文旦高。

製作蜂蜜柚子醬

1. 清洗柚子，用食鹽揉搓表皮，放進溫熱水中泡十分鐘。

2. 用刀劃開柚子皮，去掉白色部分減輕苦味。將柚子皮切成細絲後過熱水。

3. 鍋中放入燙過的柚子皮，再加入柚子肉，熬煮直至黏稠。

4. 關火放涼後，倒入蜂蜜，攪拌裝瓶，放進冰箱冷藏。

做好的蜂蜜柚子醬可以用來塗麵包或泡水喝。
注意：市面上販售的蜂蜜柚子茶，主要原料不是柚子，而是香橙。

怎麼切柚子？

有人把柚子比做天然水果罐頭，一方面是指它方便儲存，另一方面則是因為切柚子像開罐頭一樣費力。

柚子皮很厚，如果沒有工具會非常難剝。吃柚子的時候，可以先用刀從厚厚的皮上切下去，分成幾份，切到果肉的地方就停手，然後用力掰開皮，就可以吃到鮮美的果肉了。

枇（ㄆㄧˊ） 杷（ㄆㄚˊ）

吃枇杷究竟能不能止咳？
長得像芒果的枇杷，居然跟山楂是一家？

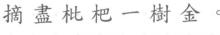

初夏遊張園

宋‧戴復古

乳鴨池塘水淺深，

熟梅天氣半陰晴。

東園載酒西園醉，

摘盡枇杷一樹金。

這首詩如實描繪江南初夏遊園的情景。小鴨子在池塘嬉戲，一會兒遊向深水，一會兒遊向淺水。梅子成熟的季節時晴時雨，正是出遊好時機！邀請三五好友飲酒遊園，遊了東園又遊西園，有人已經醉了。枇杷樹上掛滿金色果子，正好摘下來品嘗。

司馬遷在《史記》中引用《上林賦》中的句子「於是乎盧橘夏熟，黃甘橙榛（ㄔㄨ），枇杷橪（ㄋㄢˇ）柿……」，說明古人在漢朝時就已經栽培和選育枇杷了。

西元 1975 年，在湖北江陵的一次考古探勘中，考古人員在距今兩千一百多年的漢代古墓裡找到了與紅棗、桃、杏混裝在一起的枇杷。到了唐宋時期，枇杷的種植已經擴散到整個長江流域，枇杷也成了宮廷中重要的時令貢果。

為什麼從來沒有見過枇杷開花？

枇杷當然會開花，只不過它們的花朵實在是太小了，花朵直徑不超過兩公分，顏色又淡，而且開花的時間是秋末冬初，所以通常不受人們注意。

枇杷長著白色或淡黃色的小花，每朵小花有五片花瓣，五到十朵組成一束。你覺得枇杷長得像琵琶嗎？

自製枇杷膏

1. 枇杷洗淨，去皮去籽剝出果肉。

2. 把剝好的枇杷果肉放入鍋中。

3. 開中火，放入冰糖熬煮。

4. 邊煮邊用勺子敲碎冰糖。

5. 待冰糖融化，枇杷出水，關小火繼續熬煮。

6. 等鍋裡的枇杷水分熬乾，顏色變得晶瑩剔透後就關火。

冰糖和去皮枇杷

65

水果小百科

不同的枇杷

紅肉類的枇杷

果肉是橙紅色或橙黃色，如茂木枇杷、
長崎枇杷等。

白肉類的枇杷

果肉是乳白色或淡黃色，如玉出露枇
杷、晶璽枇杷、金鑲白玉枇杷等。

金鑲白玉枇杷

甜度高，多汁，是具有潛力的品種。

吃枇杷能止咳嗎？

枇杷的名聲響亮，大概和止咳糖漿脫不了關係。誰能保證自己從來不需要喝枇杷止咳糖漿之類的產品呢？不過，枇杷止咳糖漿裡的有效成分是麻黃素，能止咳平喘。而且藥方裡用的是枇杷葉，而不是枇杷果。

枇杷是美味的水果，別過度期待。因為水分充足，吃枇杷對緩解喉嚨不適還是有幫助的。但如果病情嚴重，一定要尋求醫生的幫助。

枇杷、山楂是一家

枇杷是薔薇科的水果，不過果實倒是長得有點像芒果。凡事不能只看外表，咬開枇杷果就會發現，枇杷存放種子的地方分成五個房間（子房五室），這點與山楂的構造非常相似，這也是枇杷和山楂同屬一家的證據。而且，枇杷的花朵更像是縮小版的薔薇花，並不像芒果的花。

木_{ㄇㄨˋ} 瓜_{ㄍㄨㄚ}

中國古人吃的木瓜和今天市場上賣的木瓜是一樣的嗎？
哪裡最早開始栽種木瓜？

詩經・衛風・木瓜

先秦・佚名

投我以木瓜，報之以瓊琚。

匪報也，永以為好也！

投我以木桃，報之以瓊瑤。

匪報也，永以為好也！

投我以木李，報之以瓊玖。

匪報也，永以為好也！

這是一首流傳久遠的先秦古詩。是青年男女互贈信物，也是好友相贈。不過，無論如何，你贈我木瓜、木桃、木李，我則回報各種美玉，都不是簡單的「投桃報李」，而是用更貴重的物品表達自己的心意，珍重雙方的情意。

木瓜

酸木瓜

有「番」字的蔬菜水果

就好像番荔枝和荔枝，現在的木瓜和古代木瓜並沒有直接的「親戚」關係，又稱「番木瓜」。在其他植物的名稱上也能看到「胡」和「洋」字，比如胡椒和洋蔥。其實，不管是「胡」「番」「洋」，都說明著它們的身世。通常帶「胡」字的蔬果，大多在兩漢、兩晉時期，由西北陸路引入中原；帶「番」字的蔬果，大多是南宋至元明時期，由外國船隻「番舶」引進；帶「洋」字的蔬果，則大多在清代至近代引入。

嫩肉魔法

木瓜中含有一種特殊的蛋白質「木瓜蛋白酶」，可以切斷蛋白質組成的堅硬肉纖維，讓肉質變得柔嫩可口。南美洲的原住民早在數千年前，就發現木瓜這種神奇功效。實際上，市面上販售的嫩肉粉，其主要成分就是木瓜蛋白酶。

今天在超市裡買到的木瓜，並不是古代吃的那種。過去吃的因為味道很酸，所以稱為「酸木瓜」，通常用作燉雞或燉魚的配料。木瓜的原產地則遠在美洲。所以，此木瓜非彼木瓜。

木瓜

市場上常見的木瓜其實是番木瓜。糖分更高、果肉更柔軟、滋味更甜蜜，這些特點讓它成為備受歡迎的水果。

酸木瓜

酸木瓜整體金黃，散發著混合蘋果和檸檬的香氣。切片放進嘴裡，會感受到一股宛如電流在舌尖跳動般的酸。是中國本土的木瓜，不那麼好吃，太硬太酸，比較適合當成烹製菜餚的配料。

挑選木瓜小撇步

要直接生吃木瓜，要選擇肉質肥厚且成熟度高的。首先看肉質，瓜肚大的木瓜，肉質往往更加肥厚；其次看成熟度，外表黃透、氣味芳香、用手按壓觸感偏軟的就是熟木瓜。

木瓜樹的白
色小花

酸木瓜樹的粉
色小花

酸木瓜燉雞

酸木瓜生吃難下嚥，和雞肉一起燉煮就變得爽口開胃，讓人越吃越想吃。

做法：

1. 雞肉切塊，加調味料醃製。

2. 酸木瓜切片，和雞油、豬油、火腿片等各種調味料煸炒。

3. 放入雞肉一起煸炒，加入適量開水，煮十五分鐘。

煮好的酸木瓜燉雞味道酸爽可口，讓人難忘。

櫻桃 ㄊㄠˊ

什麼是「櫻桃宴」？櫻桃有哪些品種？

一剪梅·舟過吳江

宋·蔣捷

一片春愁待酒澆。江上舟搖，樓上簾招。

秋娘渡與泰娘橋，風又飄飄，雨又蕭蕭。

何日歸家洗客袍？銀字笙調，心字香燒。

流光容易把人拋，紅了櫻桃，綠了芭蕉。

這首詞大約寫於南宋滅亡之際，字裡行間無不透露著孤獨、愁苦和無奈。詞人乘孤舟行於江上，一片愁緒正想要一醉方休時，岸上的酒樓招牌映入眼簾。不過，船沒能靠岸，酒樓也從眼前飄過。船上的物與人，都籠罩在淒風冷雨之中。濕透的衣裳何時才能回家浣洗呢？吹奏鑲有銀字的笙、點燃心字形盤香的日子都轉瞬即逝了。時光飛逝，一年年櫻桃紅了又紅，芭蕉綠了又綠。這愁似乎是無法消退了！

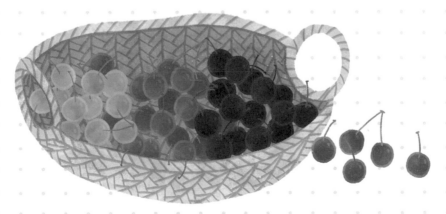

關於櫻桃，最早的記載出現在周代的《禮記‧月令》中。櫻桃在古代是珍貴的水果，唐朝帝王喜歡邀請群臣品嘗櫻桃。當時，櫻桃成熟時結恰逢進士科考放榜，而新進士及第需要開「櫻桃宴」款待賓友。

現在市場上最普遍的櫻桃是歐洲甜櫻桃。早在西元前七十二年，羅馬史官就記錄了從波斯帶回櫻桃栽種一事。經過多年培育，櫻桃家族已經異常龐大。特別是十九世紀登陸美洲後，更是得到前所未有的發展。

白櫻桃
(Rainier cherry)

想體驗甜蜜的感覺，雷尼爾櫻桃是不二之選。這種金黃色的櫻桃果實就如同金色蜂蜜一樣充滿甜蜜的誘惑。1954年，白櫻桃由美國華盛頓州立大學農業實驗站選育而出。

拉賓櫻桃 (Lapins cherry)

加拿大的一個櫻桃品種，於西元 1965 年由加拿大夏陸農業研究站 (Summerland Research Station) 育成，是世界範圍內栽培量較多的櫻桃品種之一。果實比較大，大果可以達到 12 克。果子呈近圓形或卵圓形，果皮是紫紅色，果肉淺紅、偏硬、汁多。唯一的小缺憾是果皮稍厚。

科迪亞桃
(Kordia cherry)

捷克育成的晚熟櫻桃品種。果子是漂亮的心形，果皮是深紅色，甚至紅到發黑。果肉非常緊實，呈現出與果皮不同的深紅色。

賓櫻桃 (Bing cheryr)

歷史最悠久、種植範圍最廣的櫻桃，這個品種的櫻桃外觀呈
心形，果實碩大。暗紅色的表皮之下包裹著紅寶石般多汁
的果肉，口味和質感可以滿足大眾對櫻桃的所有想像。

毛櫻桃

毛櫻桃是中國的品種，果實表面有
微微的茸毛，沒有長柄。

針葉櫻桃

維生素 C 含量相當驚人，是檸檬的五百倍。但
是它太酸了，不適合直接吃。不過，針葉
櫻桃並不是櫻桃，而是金虎尾科的植物。

雪碧櫻桃冰

1. 準備一個製冰盒，每格都放入櫻桃。

2. 每格都倒入一點雪碧後，放入冰箱冷凍。凍透的櫻桃吃起來又涼又甜。

櫻桃花

櫻花

奇_{ㄑㄧˊ} 異_{ㄧˋ} 果_{ㄍㄨㄛˇ}

獼猴桃就是奇異果嗎？
為什麼買到的奇果果通常都是生的？

太白東溪張老舍即事，寄舍弟侄等 (節選)

唐 · 岑參

中庭井闌上，

一架獼猴桃。

石泉飯香粳_{ㄍㄥ}，

酒甕開新槽。

80

這首詩描繪的是秦嶺主峰太白山下，一位老人的田園生活。

平日，他喝著泉水和美酒，吃著米飯，看著院子裡種著的獼猴桃，說有多愜意就有多愜意。

奇異果是人類培育出最「年輕」的水果之一，只有短短一百多年的歷史。雖然今天國際市場上大部分的奇異果都來自紐西蘭，但其實原產於中國。西元 1906 年，一小包奇異果種子被一位紐西蘭女教師帶回國。最初因為本名「獼猴桃」不好聽，銷量不佳。後來人們借用紐西蘭的國鳥奇異鳥（Kiwi），為這水果取了新名字「Kiwi fruit」，翻譯成中文，就是大家熟悉的名字——奇異果。

奇異果的
雌花

奇異果的
雄花

倒霉的植物獵人

西元 1899 年，植物獵人威爾遜（E. H. Wilson）將採集到的奇異果種子寄回英國。西元 1900 年，這些種子順利生根發芽。但在西元 1911 年之前，奇異果都沒能結果。同一時間，美國農業部間接從威爾遜手中獲得種子。西元 1913 年，美國各地已經有超過一千三百株奇異果樹。奇怪的是，美國也沒能結出奇異果。調查之後才發現，英國和美國培育的首批植株都是雄性的！原來奇異果樹分雌雄，必須搭配才能結出果實。

奇異果的結構

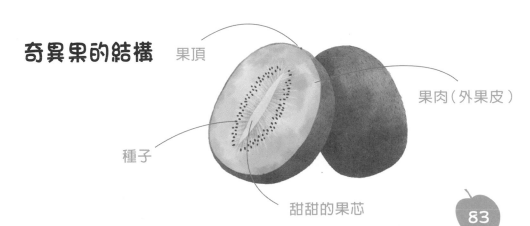

果頂

果肉（外果皮）

種子

甜甜的果芯

各種奇異果

綠色家族

大多數野生奇異果的果肉是綠色的，綠色家族也是傳統的奇異果家族。比如，全球廣泛種植的海沃德奇異果，就是綠色家族的一員，一度占總產量的八成。這個品種從西元 1924 年就被選出，是奇異果界的傳奇。

黃色家族

黃色家族因為果肉金黃，受人喜愛，又被冠以「陽光奇異果」的美稱。其實是葉黃素占優勢，壓制住葉綠素，在完全成熟時就有了陽光的色彩。目前市場上最出名的黃芯品種為紐西蘭的 G3 奇異果。

你吃過哪種奇異果？

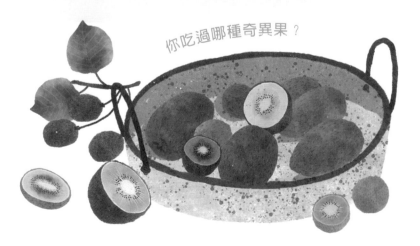

紅色家族

特色在於富含花青素，表皮光滑，沒有毛。奇異果的果肉細軟多汁，甜度較高，紅黃相襯，賣相非常好。

軟棗奇異果

這算得上是最另類的奇異果。首先個頭就很不一樣，和紅棗差不多大，卻是綠色的。其次，表皮光滑完全沒有毛，看起來反而比較像藍莓和醋栗之類的莓果。善於包裝的賣家替這種奇異果取了一個新名字——奇異莓。

妙趣小廚房

催熟奇異果的妙招

為了便於儲藏和運輸，種植者不會等奇異果完全成熟再採收。所以，一般買到的奇異果通常都是生的。不過別著急，找個袋子把奇異果和蘋果一起裝起來，再儲存於溫暖的地方。兩、三天後，就能品嘗香甜可口的奇異果了。

柿 ㄕˋ 子 ˙ㄗ

為什麼柿子明明看起來熟透了，咬一口卻又澀又硬？

杭州春望

唐‧白居易

望海樓明照曙霞，護江堤白踏晴沙。

濤聲夜入伍員廟，柳色春藏蘇小家。

紅袖織綾誇柿蒂，青旗沽酒趁梨花。

誰開湖寺西南路，草綠裙腰一道斜。

白居易這首詩寫的是杭州城春日的景色，滿溢濃厚的生活感。杭州城外的望海樓披著明麗的朝霞，護江堤在陽光下閃著銀光。呼嘯的錢塘濤聲在夜晚傳入伍員廟，嬌嫩的綠柳春色躲進了蘇小小的家。紅袖少女誇耀杭綾柿蒂的織工好，青旗門前眾人趁著春色爭相買酒喝。是誰開闢了通向湖心孤山寺的道路？長滿青草的小路彎彎斜斜，像極了少女的綠色裙腰。

柿子是傳統水果，「事事如意」的口彩，讓柿子的形象出現在房前屋後和剪紙、家具上。

87

皇帝愛吃的水果

從春秋時期開始，人們就有意識地馴化野生的柿子樹。當然，這時的柿子栽培技術還很落後，僅限於供帝王賞玩。也不知道是當時的食物確實匱乏，還是帝王著實喜歡柿子，很多國君給柿子很高的評價。

比如，梁簡文帝就曾經稱讚柿子「甘清玉露，味重金液」。《禮記·內則》中則記載柿子作為三十一國國君標準飲食的規定，由此可見柿子的重要性。

柿子嫁接

南北朝時期的《齊民要術》中，介紹了大規模生產柿子的方式：「柿，有小者栽之；無者，取枝於軟棗根上插之，如插梨法。」看來當時就已經掌握了柿子樹的嫁接技術，推廣優良的品種，今天才能吃到這樣美味的大柿子。實際上，幾乎所有優良的木本植物水果都依賴嫁接技術才得以發展，不然就很難吃到美味的蘋果、梨子、橘子和櫻桃。因此，可以說嫁接技術徹底改變了柿子的命運，讓它從庭院賞玩的花木，變成大規模種植的果樹。

柿餅白白的，是發霉了嗎？

除了生吃，柿子還能做成蜜餞乾果。柿子去皮曬乾後，就成了柿餅。在乾燥的過程中，柿子內部的糖分會慢慢滲出來，變成白色的糖霜。這是多麼神奇的過程啊！其實，這些糖分是自己從柿子果實內部「跑」出來的。雖然聽起來有些不可思議，但柿子就是有這樣的「超能力」。果實內部的水分混著糖分滲到果皮外，然後隨著水分蒸發，柿子的糖分結晶都逐漸累積到表面。此時蔗糖被轉化成果糖和葡萄糖，相對較甜的果糖又變成了甘露糖。於是，好柿就成霜啦！有人問，為什麼掛在枝頭上的柿子曬不出糖霜？答案很簡單，就只是因為沒有削皮而已。

為什麼柿子樹有「小腳」？

柿子樹多半是嫁接在黑棗樹上的。黑棗樹的根系發達，抗寒抗旱，是最適合的嫁接對象。但是它們的生長速度不完全同步，就出現莖幹基部細、上部粗的「小腳」現象。

柿子為什麼澀澀的？

雖然柿子透過嫁接才得以廣泛種植，仍面臨著一個問題──天生的澀味。這是未成熟的柿子防禦動物襲擊的一個重要「武器」。可是澀味本身就是讓人不舒服的味道，而澀味物質（如單寧）之所以讓人不適，是因為它會跟味蕾上的蛋白質結合。

富有甜柿

次郎甜柿

後熟的柿子

即便是看起來紅通通的柿子也並不好吃。如果你是個急性子，摘下柿子就想馬上吃，可嘗不到甜頭。因為柿子有種特殊的習性──後熟。前面提到柿子的澀味來自其中的單寧，而掛在枝頭的柿子多半都藏有充足的單寧。也就是說，這些水果在枝頭不會完全成熟。因此把柿子和蘋果混裝在一起，利用蘋果釋放的乙烯促使柿子中的單寧盡快降解，就能快點吃到甜柿子。

筆柿

牛心柿

四周柿

山（ㄕㄢ） 楂（ㄓㄚ）

山楂都是紅色的嗎？吃山楂真的能消食嗎？

出遊二首其二

宋・陸游

行路迢迢入谷斜，系驢來憩野人家。

山童負擔賣紅果，村女緣籬採碧花。

篝火就炊朝甑（ㄗㄥˋ）飯，汲泉自煮午甌（ㄡ）茶。

閑遊本自無程數，邂逅何妨一笑嘩。

這首詩寫的是詩人陸游外出遊玩的見聞。這一天，他騎著驢，沿著山路邊走邊遊。不知不覺間，眼前出現一座村莊。他拴好驢子停下來歇歇腳，看到小孩挑著一擔山楂沿路叫賣。村民家的竹籬外，幾名女孩兒正在探花。村人早上用柴火煮飯，中午又取來泉水煮茶。他閒來出遊，本就漫無目的，偶遇村民一起談笑，簡直太愜意了。

古籍《爾雅》和《山海經》中都有山楂記載。不過，古代的山楂樹既不是果樹，也不是愛情的象徵，而是用來燒火做飯的柴木。

《齊民要術》中記載：「杬（ㄏㄨˇ）木生易長。居，種之為薪，又以肥田。」這裏的「杬」就是中國古人對山楂的稱呼。在李時珍的《本草綱目》中，山楂第一次被編入了果部，這才有了水果的身分。

有怪味的山楂花

山楂樹的花是白色的，遠遠望去像散布在綠霧中的白色斑塊。如果湊近一點觀察，會發現它們長得相當精致，五片花瓣上有五個栗色雄蕊。不過，這些花朵的味道卻不好聞，與栗子花、石楠相比，實在是有過之而無不及。不過，正是這種氣味才能招攬傳粉的昆蟲。

不得不吐的山楂核

山楂的內果皮異常結實，硬得像是一塊塊小石頭。吃山楂的時候，牙齒很容易磨損，而且是一口咬下牙齒發酸的那種。一定有人覺得沒這些種子多好，甚至心懷怨恨地想：「殼這麼厚，怎麼發芽！」不過，山楂種子還真的會發芽。乾濕冷熱交替變化，會導致山楂內果皮反覆收縮膨脹，最終出現裂紋，讓幼苗得以萌發。這時，山楂種子早已穩當地在土壤中安家，不會被動物騷擾了。

山楂果都是紅色的？

山楂果皮的顏色很多樣，除了常見的大紅色，還有橙色、黃色。橙色果皮的品種代表是山東的甜紅和早紅、河北的霧靈紅、山西的橙黃果等；黃色果皮的品種代表是山東的大黃綿楂、小黃綿楂，和山西的黃甜。

吃山楂能幫助消化嗎？

山楂有多酸？一聽見名字口水就停不下來。山楂中的有機酸等成分，能促進腸胃蠕動，使蛋白酶的活性增強，從而達到幫助消化的目的。但要注意的是，山楂中含有大量鞣酸，空腹大量食用，很可能會引發胃結石。千萬別爲了幫助消化而拚命吃山楂。

冰糖葫蘆的做法

1. 在鍋中倒入白砂糖，加水沒過白砂糖，開小火，邊攪邊煮，製成糖漿。

2. 糖漿熬到發黃濃稠，用筷子蘸一點放入冷水中，要能迅速結成硬殼。

3. 將山楂穿在竹籤上，放入糖漿裹一圈。

4. 裹好糖漿的山楂串靜置十五分鐘。

枸 《ㄡ 櫞 ㄩㄢˊ

枸櫞好吃嗎？它為什麼那麼香？

佛手柑其一

清・屈大均

香櫞無大小，十指總離離。

絕似青蓮舉，初開玉手時。

芬須霜氣滿，味待露華滋。

未共壺柑熟，人愁入掌遲。

這首詩將枸櫞（香櫞）的特點全都寫了出來。它長得像隻伸開纖纖玉指的手，散發出迷人的香氣。

枸櫞的歷史淵遠流長。成書於漢代的《異物志》和晉代的《廣州記》中,都提過「枸櫞」這個名稱。經過長時間的選育和栽培,唐朝時篩選出一種特別的枸櫞變種。它的果皮分裂如同手掌,因而得名「佛手」。除了用來聞香,也可以食用,唐朝的人們甚至會將它做成醬。

妙趣小廚房

辨別冒牌的枸櫞切片

市場上有很多枸櫞切片是用枳假冒的。枳的果實像個圓圓的小柳丁,只不過皮比柳丁還厚,果肉也比柳丁酸得多,不是好吃的果子。枳和枸櫞的差別主要在於皮。枳的乾燥外皮通常是綠褐色或棕褐色,枸櫞的外皮則多半是黃色或褐綠色。另外,真正的枸櫞有非常明顯的香氣,酸味也多於苦味。

枸櫞好吃嗎？

枸櫞並不是一種好吃的水果。果肉太硬，但偶爾會有人把它做成蜜餞。枸櫞香氣十足，擺在房間裡會讓整間屋子都是香的。枸櫞還是柑橘家族的「元老」之一，它與酸橙結合培育出的「結晶」，就是大家熟悉的檸檬。

佛手沒有果肉？

佛手也叫佛手柑，為枸櫞的變種，自然也能散發出讓人愉悅的香氣。只不過，佛手的長相與最初的枸櫞完全不同，整顆果子就像是五指並攏的手。如果切開那些像手指一樣的部分，就會發現裡面沒有瓤。是不是很有趣啊？

佛手的變化

柑橘的果皮分爲三層：最外面是富含揮發油的外果皮，中間是像海綿一樣鬆軟的中果皮，內部則是分成許多瓣還帶著「汁胞」的內果皮。我們通常都是吃柑橘的內果皮，當然也有用外果皮製作陳皮的新會柑，以及專門吃外果皮的金柑等廣義上的異類存在。佛手的變化主要在外果皮和中果皮上，以及本來紡錘形的果實變成有多隻指頭的新奇果子。

迷人香氣從哪來？

包括枸櫞在內，柑橘類水果都有一種迷人的特殊香氣。這種共同氣味來自稱爲「檸檬烯」的物質。家用廚房清潔劑有一股濃濃的檸檬味，就是因爲裡面有檸檬烯。但是它們可千萬別與氣球相遇，否則氣球就會瞬間爆裂。因爲檸檬烯可以迅速溶解氣球中的橡膠，讓氣球破裂。

低調的柑橘家族「元老」

在日常生活中，枸櫞出場的機會並不多。然而，這低調的物種卻是今天所有柑橘的三大「元老」之一，其餘兩大元老分別是柚子和寬皮橘。論資排輩，枸櫞的資歷還更深一些。枸櫞的祖先出現在六百萬年前，之後才有了柚子，寬皮橘的祖先則是在兩百萬年前才出現。

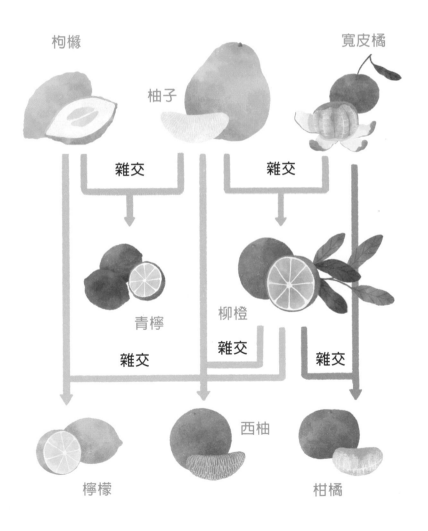

枸櫞

柚子

寬皮橘

雜交

雜交

青檸

柳橙

雜交

雜交

雜交

西柚

檸檬

柑橘

橄 ^{ㄍㄢˇ} 欖 ^{ㄌㄢˇ}

不同種的橄欖都長得不一樣嗎？每種橄欖都有不同的功效嗎？

橄　欖

宋‧蘇軾

紛紛青子落紅鹽，

正味森森苦且嚴。

待得微甘回齒頰，

已輸崖蜜十分甜。

油橄欖枝　　　　　橄欖枝

橄欖樹長得很高。據說用鹽擦，成熟的橄欖就會掉下來。蘇軾可能聽說過這樣的做法，所以在詩的開頭寫下「紛紛青子落紅鹽」。第二句「正味森森苦且嚴」，是指新鮮的橄欖吃起來有些酸澀，就像在吃還沒成熟的紅棗。後兩句「待得微甘回齒頰，已輸崖蜜十分甜」，表示比不上山崖間野蜂釀的蜜，但吃完再喝白開水，才會發現白開水變甜了。

橄欖在中國有兩千多年的栽培和食用歷史。晉代郭義恭寫的《廣志》中，就介紹了橄欖。

橄欖大如雞蛋，但為什麼在產地多用來做下酒菜呢？這題倒是可以在《南方草物狀》中找到答案：「生食味酢，蜜藏仍甜」。原來是因為橄欖鮮果太難吃了，又酸又澀，用蜜醃製才會變甜。

橄欖樹不僅可以產出果實，也是很好的防風樹和行道樹，更是好用的木材，可造船、做枕木，也可以用來製作家具和農具。

妙趣小廚房

橄欖的吃法

橄欖的最佳食用方法，就是用糖醃漬青果做成蜜餞。除了果肉，橄欖核中的種子也可以吃。中國傳統糕點五仁月餅中，重要的「一仁」就是橄欖仁。

油橄欖

油橄欖跟橄欖一點關係都沒有，油橄欖是木樨欖科、木樨欖屬的植物，原產於小亞細亞，後來在地中海區域廣泛栽培。它的葉片和枝條上都有灰色鱗片，所以遠處看起來好像毛茸茸的。聯合國旗幟上的橄欖枝就是油橄欖。它的果實可以用來榨油，就是大家熟悉的橄欖油。

橄欖屬還有一些特別的果實，比如生長在婆羅洲的黑橄欖果，就有一種特殊的奶油風味，只是果子比較硬，需要用熱水處理。因為富含蛋白質和礦物質，這種果子在雨林中也特別受猴子們歡迎。

叫橄欖卻不是橄欖

還有一種滇橄欖，又叫餘甘子。這名字聽起來很有藝術氣息，但是入口卻完全沒有甘甜味，反而是澀味最突出，就像苦瓜、青蘋果、生柿子加上醋和鹽混合在一起的味道。但是吃過餘甘子一段時間後再喝水，確實能感覺水變甜了，也算是體會「苦盡甘來」的感覺吧。

滇橄欖是葉下珠屬的木本植物，能吃已經很特別了，所以味道有點不一樣，也不算奇怪啦！

改變味覺的神祕果

其實，真正能改變人類味覺的果子是神祕果，其中的特殊成分「神祕果素」會觸動舌頭上的味蕾，上演一齣化酸為甜的「魔術」。所以，吃下神祕果之後再吃檸檬，感覺就像在吃甜橙。別擔心，兩個小時之後味覺就會恢復正常了。

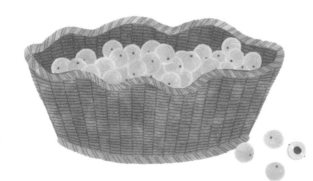

吃餘甘子讓人有種「苦盡甘來」的感覺

餘甘子的果子和枝條

橄欖油的味道

地中海地區的居民為了獲取食用油料，大約在七千年前就開始栽培木樨欖了。油的英文單詞「oil」，就來自油橄欖的名稱。所以在中文裡，木樨欖也叫作「油橄欖」。

成熟的油橄欖果實中有大量的油脂，能透過壓榨的方式獲取。不過，想榨出更多油，就需要更大的壓力。偏偏加壓時果肉會發熱，導致橄欖油香氣散失、酸味變得明顯。所以，最高級的低溫初榨橄欖油，是在空調運轉中的廠房裡生產出來的。這樣得到的橄欖油最少，但香氣最足，所以售價也是最高的。

品質最好的橄欖油稱為「特級初榨橄欖油」，是從成熟的油橄欖果實中加壓擠出來的。

薜荔 ㄅㄧˋ ㄌㄧˋ

為了生存，薜荔有什麼「小心機」？

九歌‧湘君（節選）

戰國‧屈原

駕飛龍兮北征，邅（ㄓㄢ）吾道兮洞庭。

薜荔柏兮蕙綢，蓀橈（ㄋㄠˊ）兮蘭旌（ㄐㄧㄥ）。

望涔（ㄘㄣˊ）陽兮極浦，橫大江兮揚靈。

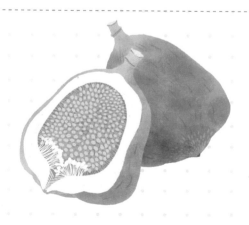

這是《九歌》中祭湘君的詩，寫的是湘夫人久盼湘君不來的思念和哀傷。湘夫人駕起龍船向北遠行，轉道去了優美的洞庭。她用薜荔做簾、蕙草做帳，用香蓀爲槳、木蘭爲旌。湘夫人眺望涔陽遙遠的水邊，大江也擋不住她飛揚的心靈。

不得不說，屈原恐怕是中國古代最喜歡薜荔的人。他曾在〈離騷〉中提到「貫薜荔之落蕊」，在《九歌‧山鬼》中講述「若有人兮山之阿，被薜荔兮帶女蘿」。

屈原之所以這麼喜歡薜荔，是因爲在他看來，薜荔沒有醒目的花朵，卻能結出碩大的果實，有著與蘭草同樣內斂的氣質。

薜荔不僅擁有特殊的文化含義，還能做成許多美味的食物。在中國南方，用薜荔製成冰粉的歷史已超過三百年。

台灣特色小吃「愛玉凍」，則是用愛玉子洗出的凍，過去史料認為愛玉子與薜荔是同一種植物，直到西元 1904 年日本植物學家牧野富太郎鑑定後，確認愛玉子是新的物種，現代學者普遍認為愛玉子是由薜荔演化出來的變種。

妙趣小廚房

製作美味的冰粉

1. 切開薜荔的榕果曬乾。

2. 刮下榕果裡頭的小顆粒，用紗布袋裝起來，在水中搓揉。

3. 當水變得黏糊糊的時候用碗裝好，放進冰箱冷藏，直到凝結成果凍狀。

4. 食用時可以添加糖水和各種果仁配料。比較講究的地方會用玫瑰糖為冰粉調味。

真果子，假果子

屈原未必了解薜荔的小心機。薜荔的花朵不僅騙過了詩人的慧眼，還把那些爲它傳播花粉的昆蟲騙得團團轉。薜荔是中國本土最出名的「無花果」，擁有桑科榕屬植物特別的隱頭花序——詩人以爲是果子的東西。在結構上，它等同於向日葵的花盤，只不過薜荔的花朵和果實（用來製作冰粉的小顆粒）都如同餡料一樣被包裹起來，只在頂端留有一個小孔。這個小孔是榕果小蜂（傳播花粉的昆蟲）進出的通道，決定薜荔能否開花結果。

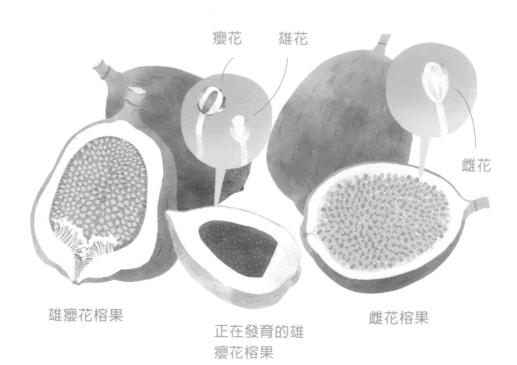

瘦花　　雄花

雌花

雄瘦花榕果

正在發育的雄
瘦花榕果

雌花榕果

薜荔的「小心機」

用來製作冰粉的薜荔果，其實就是雌性無花果（榕果），裡頭並沒有居住太多榕果小蜂。不過，薜荔為榕果小蜂準備了雄癭花的榕果。所謂癭花，就是專門供榕果小蜂產卵的花朵。榕果小蜂的後代孵化出來後，會在榕果裡完成交配，這時，新生代的榕果小蜂媽媽就會從布滿花粉的小孔裡爬出，尋找新的榕果，完成生命的輪迴。

1. 榕果小蜂媽媽鑽進薜荔雄癭花的榕果，在其中產卵。

2. 癭花是特殊的雌花，榕果小蜂寶寶在癭花的子房裡逐漸發育成熟。

5-2. 榕果小蜂媽媽進入都是雌花的榕果，沒有產卵機會，但牠身上的花粉能幫助薜荔結出小果子。

5-1. 榕果小蜂媽媽進入都是雄癭花的榕果，就可以生育下一代。

3. 雄性榕果小蜂先醒來，去找雌性榕果小蜂「約會」。

4. 新生代的榕果小蜂媽媽從榕果的頂端開口爬出，這時身上會帶著雄花釋放的花粉。

榅桲

榅桲又像蘋果又像梨，那麼它是蘋果還是梨？

彥思惠榅桲因謝（節選）

宋・文同

秦中物專美，榅桲為嘉果。

南枝種府署，高樹立婀娜。

秋來放新實，照日垂萬顆。

中滋甘醴釀，外飾素茸裹。

楷梓花開得十分嬌艷

宋代文同的這幾句詩，向我們介紹楷梓這種水果。秦中有一種美物叫楷梓。楷梓樹長得高大婀娜，秋天豐收的季節，樹上結滿了果子。果實像醴酒一樣甘甜，甚是美味。楷梓既不像蘋果，也不像梨，或者說它又像蘋果又像梨。它有著蘋果的身材和梨的味道，還有一層毛。直接吃，味道沒有很好，多半都被加工製成果醬或蜜餞。還有人會在房間裡放顆楷梓，好聞聞它的香氣。

水果有歷史

楄楃原產於中亞和西亞地區，在晉代時傳入中國。賈思勰在《齊民要術》中將楄楃列在「五谷、果蓏、菜茹非中國產者」這一卷裡。《廣志》曰：「楀查，子甚酢，出西方。」這裡的「楀查」指的就是楄楃。寥寥數筆描繪了楄楃的特徵——從西方而來，果實非常酸。

製作榅桲果醬

1. 洗淨榅桲，去皮去核，把果肉切成小丁。

3. 加入果肉繼續燉煮，直至顏色變為橙紅，放涼後裝瓶。

2. 鍋裡加水，與果皮、果核一起燉煮，濾掉果渣。

酸酸大不同

榅桲有著讓人印象深刻的酸味。薔薇科果子的酸味既不同於檸檬的清冽，也跟酸角的敦厚非常不一樣，而是一種帶有清新感覺的醋味。雖然像醋酸，卻又比醋酸柔和許多。這都歸功於果實中的蘋果酸，正是它賦予了榅桲、木瓜和蘋果這些薔薇科果子特殊的酸味。

薔薇家族裡的「四不像」

與柑橘家族不同，薔薇科的水果各具特色。比如蘋果和梨子，不僅在個頭和外表上有所區別，更重要的是它們「內心」完全不同。梨子的果肉中有特別的石細胞，所以吃起來總覺得沙沙的；蘋果家族則完全沒有這些小顆粒，果肉要細膩許多。

榲桲倒是真的集合了蘋果和梨子的特點：果實個頭不小，乍看之下像蘋果，但是表面有很多毛；果肉中有很多石細胞，這點就很像梨子。不過，榲桲既不是蘋果家族的成員，也不是梨子家族的成員，而是薔薇科榲桲屬的植物，整個屬就它「一根獨苗」，足見這個物種的特殊性。

迷人的香氣

榲桲帶有果實的甜香和酒香。科學家在分析了四個榲桲品種之後，發現所有榲桲都擁有相同的化學成分，能產生花香和果香。正因如此，榲桲才有著迷人的香氣。

到底該怎麼吃？

雖然榲桲在中國不受重視，西方倒是很喜歡它。地中海沿岸早在西元前七世紀就已經廣泛種植榲桲了。很多西方傳說中的「金蘋果」，指的就是榲桲。

古代榲桲

雖然它的果實很硬，還是有人琢磨出食用的方法。歐洲的大廚們認爲加熱可以軟化果肉，減輕澀味，從而讓榲桲的口感變得順滑。此外，自帶特殊香氣的榲桲經常被加入蘋果醬中，以豐富醬汁原有的風味。

梨形榲桲

養胃的酸果子

榲桲擁有特殊的香氣和酸味，還有適量的膳食纖維，很久之前就用來治療消化不良、食欲不振等症狀。近年來的研究發現，榲桲中的化學物質能抑制胃酸分泌和胃蛋白酶的活性，所以能保護胃黏膜。此外，研究人員還發現榲桲提取物可以抑制幽門螺旋桿菌的繁殖。對於治療因幽門螺旋桿菌引起的胃潰瘍，有著龐大的潛在價值。這麼看來，榲桲倒眞是名副其實的消化良藥。

英國榲桲

為什麼榲桲會變紅？

除了香氣，榲桲還能爲菜餚增添色彩。榲桲切片後和糖水一起煮，湯汁顏色會從透明轉爲粉紅色，最後再轉變成半透明的深紅色。這樣的變色現象歸功於榲桲中的多酚物質。在熬煮的過程中，多酚物質會發生化學反應。煮綠豆湯出現的顏色變化，也是出於同樣的原理。

梨子吃起來為什麼沙沙的？②
古詩詞裡的自然常識【水果篇】

作　　者｜史軍
繪　　者｜傅遲瓊
專業審訂｜宋怡慧、李曼韻
責任編輯｜鍾宜君
封面設計｜謝佳穎
內文設計｜陳姿仔
特約編輯｜蔡緯蓉

出　　版｜晴好出版事業有限公司
總 編 輯｜黃文慧
副總編輯｜鍾宜君
行銷企畫｜胡雯琳、吳孟蓉
地　　址｜104027 台北市中山區中山北路三段 36 巷 10 號 4F
網　　址｜https://www.facebook.com/QinghaoBook
電子信箱｜Qinghaobook@gmail.com
電　　話｜（02）2516-6892　　傳　真｜（02）2516-6891

發　　行｜遠足文化事業股份有限公司（讀書共和國出版集團）
地　　址｜231 新北市新店區民權路 108-2 號 9F
電　　話｜（02）2218-1417　傳真｜（02）22218-1142
電子信箱｜service@bookrep.com.tw
郵政帳號｜19504465（戶名：遠足文化事業股份有限公司）
客服電話｜0800-221-029　　團體訂購｜02-22181717 分機 1124
網　　址｜www.bookrep.com.tw
法律顧問｜華洋法律事務所／蘇文生律師
印　　製｜凱林印刷
初版一刷｜2024 年 1 月
定　　價｜350 元
ISBN｜978-626-7396-19-3
EISBN｜9786267396254（PDF）
EISBN（EPUB）｜9786267396247（EPUB）

ALL RIGHTS RESERVED
Copyright © 2022 by 史軍
Illustration Copyright© 2022 by 傅遲瓊
Original edition © 2022 by Jiangsu Phoenix Literature and Art Publishing, Ltd.
國家圖書館出版品預行編目 (CIP) 資料
梨子吃起來為什麼沙沙的 ?/ 史軍著 .– 初版 .–臺北市 : 晴好出版事業有限公司出版 ;
新北市 : 遠足文化事業股份有限公司發行 ,2024.01　128 面；　17×23 公分 .–(古詩詞裡的自然常識 ; 2)
ISBN 978-626-7396-19-3(平裝) 1.CST: 科學 2.CST: 水果 3.CST: 通俗作品　308.9 112019330